科學實驗安全守則

- 隨時都要小心「高溫」或「尖銳的物品」。
- 任何東西都不能放進嘴巴裡。
- 如果做實驗的過程中,有你「不熟悉的操作」,
  請找大人幫忙。

科學酷女孩的小實驗

想知道伊莉在書中的小實驗是
怎麼做出來的呢?

掃描看看下面的QRcode,
你可以看到詳細的實驗影片,
並且了解這些實驗背後的科學知識!

- 摺出最完美的紙球,用來抵
  擋巨怪群。

- 製作許許多多有趣的發聲玩
  具(吸管排笛、紙盒吉他、
  聲音罐),一起演奏美妙的
  音樂吧!

小樹文化
Little Trees

救救童話 3
科學酷女孩 伊莉

拯救長髮公主，
居然要靠科學小遊戲和我妹?!

IZZY the
INVENTOR

查娜·戴維森 Zanna Davidson —— 著
艾麗莎·艾維克 Elissa Elwick —— 繪

小樹文化編輯部 —— 譯

目錄

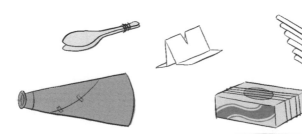

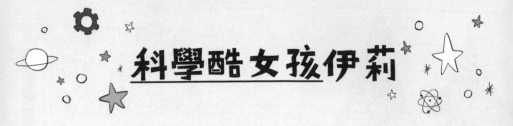

科學酷女孩伊莉

她想要成為……

歷史上最偉大的

發明家

伊莉只相信科學，不相信魔法。但是有一天，出現了意想不到的情況——仙子出現在她的房間，並且說……

我叫做
「玫瑰閃亮腳仙子」，
是妳的仙子教母。

仙子送給伊莉一匹**獨角獸**（伊莉根本沒有說她想要獨角獸）……

又把她送到**童話國度**去執行任務（伊莉原本不相信世界上有童話國度）。

伊莉的生活，

從此變得不一樣了……

CHAPTER 1
仙子教母怎麼還不出現？

伊莉坐在床上、讀著《童話故事》最後一頁。但是，結局看起來不太妙……

她在童話國度最要好的朋友，也就是獨角獸亨寶
遇到麻煩了……

壞仙子布蘭達把亨寶

鎖在高塔上……

還派了**巨人**

狼

會說話的豎_{ㄕㄨ}琴_{ㄑㄧㄣ}

看守高塔。

「喔不!」伊莉心想,「我必須去拯救亨寶,不能把他留在高塔上⋯⋯」

但是,必須靠仙子幫忙,才能前往童話國度。

仙子怎麼
還不出現?

每當童話國度出現緊急狀況時,玫瑰閃亮腳仙子都會出現,還伴隨著閃亮亮的粉紅色雲霧。

只要穿過亮晶晶的粉紅色雲霧，

就能到童話國度。

伊莉知道這聽起來很神奇、

一點也不科學……

但是，
我正在研究
這件事。

伊莉的所有想法與發明，都寫在科學筆記裡（伊莉隨時都帶著筆記本）。

科學與魔法

(伊莉的研究報告)

魔法可能也是科學，只是我們還不懂它的原理！畢竟，如果不理解原理，很多科學現象看起來都很神奇：

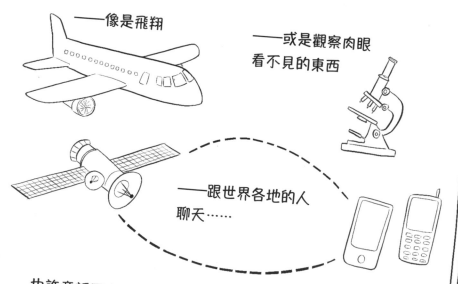

——像是飛翔

——或是觀察肉眼看不見的東西

——跟世界各地的人聊天⋯⋯

也許童話國度看起來這麼神奇，只是因為我還不知道它背後的科學原理⋯⋯

一整天，伊莉都好期待看到玫瑰閃亮腳仙子，但是她完全沒有出現，**早餐時**沒有出現……

上學時也沒有出現……

當伊莉回到家時，仙子還是沒有出現。

「她一定會出現，」伊莉決定，

「等待仙子的時候，來進行我的吵吵鬧

鬧發明吧。科學筆記裡還有幾個我想做

的實驗⋯⋯」

伊莉的吵吵鬧鬧發明

吱吱叫小玩具

將長方形的紙對折，凹折那一端剪一個V字型開口；開口那一端分別往外折起。請用兩根手指頭捏住折起的兩片小紙張，接著用力往V字型開口那端吹氣。

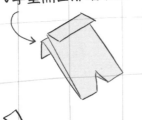

吸管排笛

準備6～8根吸管，並且用剪刀剪成不同長度，最後將長短不同的吸管用膠帶黏成一排。將成品靠近嘴巴，接著吹氣。

梳子口琴

將烘焙用紙對折，並將梳子包裹在內，最後貼近你的嘴唇（梳尺那一端對著嘴唇）並且哼一段音樂。

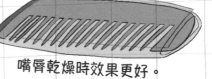

嘴唇乾燥時效果更好。

鍋子鼓

將烘焙用紙鋪在鍋子上方，並且用細繩或是橡皮筋固定，接著用湯匙敲打它。

烘焙用紙固定得較鬆或較緊，都會影響敲打後發出的聲音。

爆爆管

噘起你的嘴唇、伸出你的舌頭，接著將小顆的莓果吹進管子中。

如果吹向正確的位置，就會發出砰一聲。

咻咻繩

在長方形厚紙板一端黏上一枚硬幣，厚紙板的另一端打洞，並且綁上一條線。

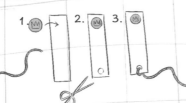

嗶嗶笛

用一張薄紙卡裹住一枝鉛筆、用膠帶將側邊開口黏起來，變成一根長長的管子。

紙盒吉他

將許多條橡皮筋套在空的面紙盒上，就像下方圖片所畫的這樣，然後撥一撥橡皮筋吧！

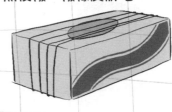

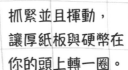

抓緊並且揮動，讓厚紙板與硬幣在你的頭上轉一圈。哇，這是什麼聲音啊！

從一端朝管子內吹氣（也就是圖畫中的箭頭處），並且同時將鉛筆拉出又推入管子。聽，你在吹笛子啦。

當玫瑰閃亮腳仙子終於出現時，伊莉正要測試最
後一個吵吵鬧鬧發明。

同一時間，伊莉的妹妹貝拉也衝進了她的房間。

「伊莉！」貝拉尖叫道，「太神奇了！妳一吹出
旋律，仙子就出現了！真的是太驚人了！」

伊莉嘆了一口氣，說：「才不是這樣，科學家不會
隨隨便便就下結論。」

「還有，」伊莉繼續說，「仙子遲到了！」她轉向玫瑰閃亮腳仙子，「妳跑去哪裡了？我必須去童話國度拯救亨寶。」

但是玫瑰閃亮腳仙子只是聳聳肩。

「童話國度？獨角獸！」貝拉尖叫，「聽起來太驚奇了。我可以一起去嗎？拜託！只有妳可以去太不公平了！」

「好吧，」伊莉嘆了口氣說，「妳可以去。我會
幫我們一人準備一個科學背包。」

我的實驗器材……

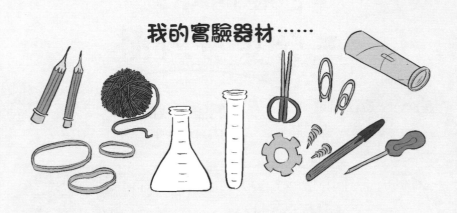

以防萬一，我還是帶一些
吵吵鬧鬧發明去吧……

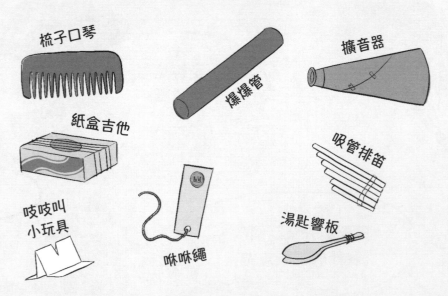

梳子口琴

擴音器

爆爆管

紙盒吉他

吸管排笛

吱吱叫
小玩具

咻咻繩

湯匙響板

我的
實驗裝備

童話國度
地圖

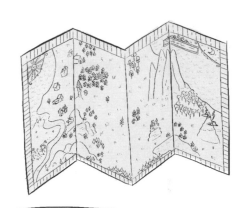

最後，也是最重要的
——我的科學筆記。

23

「玫瑰閃亮腳仙子，我們準備好穿越閃亮亮的粉紅色雲霧了。」伊莉說。

「說實在的，」玫瑰閃亮腳仙子說，「雖然時間有點晚，但是亨寶待在高塔上不會有事的。我們走吧……」

穿過這片粉紅色雲霧就會抵達高塔了。

但是，高塔不見了……

24

雲霧的另一邊只有一大堆石頭……還有一位非常愛生氣的**地精**。

「發生什麼事了？」伊莉問，「亨寶在哪裡？」

「有一大群**巨怪**，」地精說，「到處橫ㄥˊ衝ㄔㄨㄥ直ㄓˊ撞ㄓㄨㄤˋ，把高塔弄倒了！他們才剛離開。」

我想那隻獨角獸大概……被壓ㄧㄚ扁ㄅㄧㄢˇ了。

CHAPTER 2
地精與時光機

「被壓扁了？」伊莉哀號，

「亨寶不可以被壓扁！」

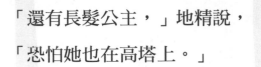

「還有長髮公主，」地精說，

「恐怕她也在高塔上。」

「我的天啊！」貝拉說，

「太可怕了！她是我最喜歡的童話公主。

可憐的長髮公主。」

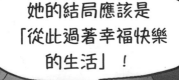

她的結局應該是
「從此過著幸福快樂
的生活」！

「那狼、巨人，還有會說話的豎琴呢？」伊莉問，
「他們應該要看守高塔！」

　　　「他們逃走了，」地精說，「當時我躲
　　在井裡。」

「喔，親愛的，」玫瑰閃亮腳仙子說，「出了一
點小問題。」

「小問題」？
是「大問題」吧！
還不是因為妳
太晚出現！

「很抱歉我要趕去處理其他事情了，」玫瑰閃亮腳仙子說，「伊莉，別擔心，妳一定可以解決這件事。我相信妳。」

動動妳的科學小腦袋！
發明家伊莉絕對想得出
解決辦法的！

「妳要走了？」伊莉問。

「對，」玫瑰閃亮腳仙子說，「妳也知道，我必須去看一下其他地方跟其他童話生物的狀況。我晚一點再回來看看妳這邊的情況……」

輕輕的啪一聲，仙子就消失了。

「仙子跟我想像中的不太一樣，」貝拉說，「她好像沒有幫什麼忙，對不對？」

「對，」伊莉也同意，「雖然她沒有像壞仙子布蘭達那麼壞——把亨寶關進高塔裡的人就是布蘭達。」

「雖然沒有人知道要怎麼發明時光機，」伊莉繼續說，「但是也沒有科學理論說不可能發明時光機。」

「找到了！來看一下我的科學筆記吧。」

時光機

(作者：發明家伊莉)

既然我們可以在太空中旅行，

那為什麼不能在時空中旅行呢？

我們需要的就是「蟲洞」，也就是連接過去與現在的
通道，接著就可以在兩個時空中旅行。

蟲洞

現在

時空旅行會遇到的困難：

❶ 首先，我們必須找到蟲洞。

(還不確定要怎麼做才能找到！)

❷ 必須想辦法延長蟲洞，確保蟲洞夠大。

❸ 穿越蟲洞還有辦法存活嗎？

不確定!!!

過去

「只需要解決一些困難，」伊莉說，「我們就可以拯救亨寶⋯⋯」

「我不確定這樣行不行得通。」貝拉說。

地精發出了響亮的嘆ㄊㄢˋ息ㄒㄧˊ聲，「沒有人想要請我幫忙嗎？」

為什麼大家總是
遺ㄧ忘ㄨㄤ地精？

「才沒有！」貝拉說，「在我們的世界，大家都
很喜歡地精，花園裡都會放地精雕ㄉㄠ像ㄒㄤ。」

「我才不想當雕像！」地精說，「我想要屬於自
己的童話故事。妳知道有哪個童話故事是地精當
主角嗎？」

「還是小矮人，」地精生氣的說，「只有一個童話故事裡有地精，而且故事還超級無聊ㄌ一ㄠˊ！」

故事裡只有吵得要命的王子，還有一口溼答答又黑漆漆的井。

「聽到你們的遭遇，我也覺得很難過。」伊莉說，她試著讓地精冷靜下來。

「不過，」地精說，「我也因此有了很多空閒時間，可以增加我的能力……」

「你們知道嗎？」地精繼續往前走，

「伊莉不是童話國度裡唯一的科學家，

我也發明了一台時光機！」

「真的嗎？」伊莉大喊。

「真的，」地精得意的說，

「跟我來！」

地精帶她們穿過
樹叢<rt>ㄘㄨㄥˊ</rt>、一些有刺
灌<rt>ㄍㄨㄢˋ</rt>木……

經過**小豬的家**……

還有**另一隻小豬**
的家……

然後，地精突然停
下腳步……

就是這裡！

「這就是你的時光機嗎？」伊莉問。

這台機器跟她想像得不太一樣。

「它真的可以運作嗎？」伊莉問，「你可以把我
們送回巨怪摧毀高塔之前嗎？」

它當然可以運作！
只要發出負能量。

是時候讓人們知道地
精有多少能力了。

準備好了嗎？
1 ⋯⋯ 2 ⋯⋯ 3 ⋯⋯

時光機開始晃[ㄏㄨㄤ]動。

「地精先生，請問你之前用過這台時光機嗎？」
貝拉問。

「其實，不算真正用過⋯⋯」地精說。

天啊！
那是蟲洞嗎？

下一秒，時光機急速

　　落入蟲洞……

穿越時，伊莉有股被

拉———長———

　　的可怕感受……

啊啊 啊啊 啊啊 啊啊 啊啊 啊啊 啊啊!!!

CHAPTER 3
阻止可怕的巨怪

幸好，被拉——長——、快速飛越、劇烈
晃動的感覺並沒有持續很久。僅僅幾分鐘，
就聽到了哐（ㄎㄨㄤ）啷（ㄌㄤ）一聲，接著是一片寂靜。
時光機順利降落了！

伊莉與貝拉踏出時光機。

「嗯，」伊莉一邊看著地圖，

一邊說，「好像出了一點差錯。」

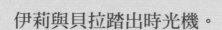

美人魚海

小紅帽的家

小豬的木屋

小豬的
磚頭屋

小豬的
茅草屋

有很多熊跟
狼的森林

灰姑娘的家

許願井

長髮公主的
高塔

龍的巢穴

壞壞哥布林
的洞穴

往傑克的
魔豆莖

還有，這個零件
從時光機上掉下來，
需要一點時間才能修好。

「還有更糟的。」伊莉說，

她正用望遠鏡觀察四周。

雖然我們回到了過去，
但時間可能不太夠。

遠遠的山頭上，有好多好多隻可怕的巨怪。巨怪群要暴動了！

「我們沒辦法及時趕到高塔、拯救亨寶。」伊莉大喊。

「還有長髮公主！」貝拉補充。

「有些人就是永遠都不知足，」地精生氣的說，

「我帶妳回到剛剛好的時間點……」

妳居然說
這樣還不夠好？

對不起，
地精先生。

「只是，如果我們想要拯救亨寶……還有長髮公
主，」伊莉繼續說，「就必須想辦法阻止巨怪群，
而且要快！」

「我看見他們了。」貝拉一邊用望遠鏡，一邊說。

他們好巨大！

「而且大部分是石頭變成的。」地精補充。

「地精先生，」伊莉說，「你知道怎麼阻止巨怪群嗎？」

「我想，我已經幫妳很多忙了。」地精咕ㄍㄨ噥ㄋㄨㄥˊ著。

「拜託，」伊莉說，「我可以幫你任何事。我可以……嗯……送你實驗器材。」

但是地精看起來不為所動。

「告訴我，你想要什麼？」伊莉說。

我想要出現在很棒
的童話故事裡。

「你沒發現嗎？」伊莉說，「長髮公主就在那座
高塔上，而且她的故事超級有名。如果你幫我們
拯救長髮公主，你就會出現在她的故事裡。」

伊莉看了看四周，發現附近有一條小溪。她的眼睛亮了起來，接著拿出了科學筆記。「我知道我們需要什麼了！我們要製作**水球**！」

如何製作水球

作者：伊莉

需要的材料：正方形的紙張(防水)、剪刀、鉛筆

❶ 將正方形的紙張上下對折，攤開後再左右對折一次，最後攤平紙張。

❷ 從右下角對折至左上角，攤開後再從左下角對折至右上角，最後攤平紙張。

❸ 將A、B兩點分別往內折到C點，完成後紙張會呈現三角形，且左右各有兩個角，就像下面這張圖：

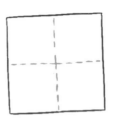

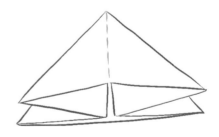

❹ 將三角形的下面兩個角，分別往上對折至三角形頂點。

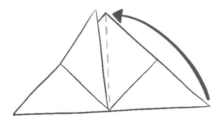

❺ 將左右兩邊，分別往內折，頂端對準中間點。

⑥ 將左上方的紙片,延著
中間三角形的邊緣往左
下方折。

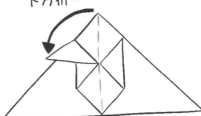

⑦ 接著將步驟⑥折出的新三角
形,朝向中心點向內折
(就像下方圖片指示)。

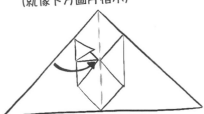

⑧ 將步驟⑦折出的小三角
形,塞入下方洞口。

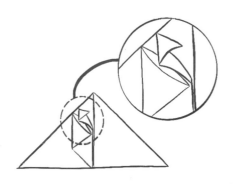

⑨ 重複步驟⑥~⑧
,完成右半邊。

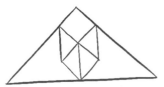

將紙張翻轉過來、
重複步驟④~⑧
,完成另一面。

⑩ 舒展四個角,讓邊緣朝
向不同方向,就像下方
圖片的樣子。

⑪ 將鉛筆插入頂端的小洞,從
內部稍微撐開;接著將鉛筆
抽出,並且往洞內吹氣,最
後就會呈現像是小球的形
狀。將水注入球內,然後丟
吧!

「這種東西也叫科學？」地精有點嫌棄的說，

「對我來說，這比較像是摺紙。」

「我們最好趕快開始，」伊莉說，「不能再浪費時間了。」

「嗯……」伊莉說，接著又匆匆查看了一次科學筆記，「啊哈！」伊莉大叫，「我找到解決辦法了。」

彈弓

需要的材料：

兩根木棍

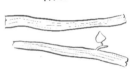

彈性線圈(橡皮筋)

作法：

- 將兩根木棍交叉放置，就像下方的圖片所示。

- 用彈性線圈固定住兩根木棍，讓木棍呈現X型。

- 切斷一條有力的彈性線圈，並且將兩端分別固定在兩根木棍上。

- 將你想要發射的物品放在彈性線圈中間、往後拉，並且放手，就可以讓這個物品飛出去了！

「彈弓也是科學？」貝拉問。

「生活中的每一件事都是科學，」伊莉說，「找一些木棍，每個人都可以做出自己的彈弓。」

製作彈弓時，已經聽得到巨怪轟ㄏㄨㄥ隆ㄌㄨㄥ隆ㄌㄨㄥ的腳步聲了。

地面開始**震動**。

天空也**變暗**了。

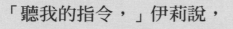

「聽我的指令，」伊莉說，

「準備……瞄準……發射！」

當水球一打中巨怪，他們就開始縮小……

愈變愈小……

愈變愈小……

愈變愈小……

巨怪小到
可以放在我的
手上。

「巨怪看起來不太高

興，」伊莉說，「之後

可以把他們變回原樣嗎？」

我不知道。

小巨怪，對不起。
我會想辦法的……

伊莉抓起所有小巨怪，並且放到背包裡。

「現在，」伊莉說，「該去拯救亨寶跟長髮公主
了。如果壞仙子布蘭達發現我們在做什麼，一定
會讓事情變得更糟糕。」

「糟糕。」
地精說。
「怎麼了？」伊莉問。
「我忘記提醒妳了……」地精
說，「每到日落時刻，壞仙子布
蘭達都會來確認高塔的狀況。」

伊莉往天空望去，太陽已

經低垂。

「**快！**」伊莉說。

我們必須在壞仙子布蘭達
出現前抵達高塔。

CHAPTER 4
高塔下的
可怕守衛

他們走了好長好長的路才抵達高塔。伊莉很想念
亨寶，坐在亨寶的背上就可以輕輕鬆鬆抵達童話
國度的任何地方。

不只如此，伊莉發現
她也很想念亨寶的熱
情……

亨寶的舞蹈……

還有她最想念
亨寶的抱抱。

當他們終於抵達高塔時，
伊莉、貝拉，還有地精躲
進了附近的灌木叢。

「如果他們看見我們，就會呼叫壞仙子布蘭達，情況就太糟了。」地精說。

「還好我有個計畫。」貝拉驕傲的說。

「妳有計畫？」伊莉說。

「又不是只有妳會思考。」貝拉回答，「我很了解童話故事，所以也能幫忙。」

巨人很喜歡魔豆莖、很討厭名叫傑克的男孩……

我知道該怎麼對付他。

狼很容易被矮小又穿著紅
色外衣的人引開……

貝拉與地精開始竊竊私語，接著貝拉
把自己的紅色夾克遞給他。

只剩下會說話的豎琴
了，伊莉，我想妳應該
可以想出辦法解決吧？

嗯……我……
試看看。

貝拉從灌木叢中走了出來。

「主人！主人！」會說話的豎琴大叫。

巨人睜開一隻眼睛，接著又睜開另一隻眼睛。他
站起來，低頭看向貝拉。

貝拉吞了吞口水。

巨人氣得滿臉通紅，跌跌撞撞的朝魔豆莖的方向
跑去。

然而，此時狼正飢ㄐㄧ渴ㄎㄜˇ的看著貝拉。

「小紅帽！」狼大吼，接著迅速跑去追地精。

「但是妳們自身難保了。」

會說話的豎琴說。

伊莉正要回答時，突然聽見
空中傳來一陣哭喊。

喔，伊莉！
真的是妳嗎？

妳來救我了！
我就知道妳會來。

伊莉抬頭看，亨寶就在高塔
窗邊。

過了一會兒，長髮公主也出現了，並且問：「妳是來拯救我們的嗎？」

王子剛剛來過，但是他一看到巨人就騎馬逃走了。

「我們只要說服會說話的豎琴放你們走就可以了！」伊莉大喊。

「**不可能！**」豎琴說。

「我要立刻呼叫壞仙子布蘭達。」豎琴繼續說。

「等等！」伊莉說，她不斷思考：該怎麼說服豎琴呢？接著，她突然想到了……

「如果我們跟你一起演奏音樂，你願意放長髮公主與亨寶走嗎？」伊莉問。

「我願意。」豎琴說。

伊莉驕傲的拿出她的樂器。

接著貝拉聚集了一些童話生物，讓更多人可以一起演奏；伊莉也解釋了這些樂器該怎麼使用。這時，太陽已經快要下山了……

地精也回到高塔底下，看起來對自己的任務結果非常滿意。

你怎麼擺脫(ㄅㄞˇㄊㄨㄛ)狼呢？

我把牠引導到三隻小豬的家那邊了！

「大家，準備好了嗎？」伊莉說。接著所有人同時開始演奏。

我也要加入，用我的玻璃瓶笛。

真是**太棒了**！

長髮公主用玻璃瓶笛吹出了非常美妙的音樂，直到亨寶試著加入。

「這是我經歷過最美好的時刻，」豎琴說，「真是太美好了，我決定改變主意。長髮公主與亨寶不能離開這座高塔，大家要永遠陪我演奏音樂。」

「糟了！」伊莉想，「我的計畫失敗了。」

但是就在這個時候……

亨寶唱起歌來。

停！求求你
停下來！

這是什麼可怕
的歌聲。

只要你讓他們
離開高塔，亨寶就
會停下來。

隨便你！
隨便你！

我要走了！

84

「好吧！」亨寶說，

「我們自由了。」

接著他往下看。

「但是，我們要怎麼

離開高塔？」

CHAPTER 5
拯救長髮公主

貝拉抬頭看著高塔上的亨寶，接著開口：「他不能飛下來嗎？長髮公主可以坐在他的背上。」

「不要慌，」長髮公主說，「我知道該怎麼做。我只需要一把剪刀。」

「現在，你要在非常有名的童話故事裡擔任主要角色。」伊莉對地精說。

「妳說得沒錯，」地精說，眼睛閃閃發亮，「而且我一直很想說這句話……」

當地精抵達高塔上時，長髮公主用剪刀剪掉了
自己的長髮……

並且將長髮固定在窗閂ㄕㄢˊ上……

嘻嘻！
這樣真好玩！

接著抓住長髮，
搖搖晃晃的
滑到地面。

「下來吧，亨寶！」伊莉大喊，「壞仙子布蘭達快來了！」

「你做得到的，亨寶！」伊莉喊，「我知道你做得到。」

亨寶深深吸了一口氣，希望一切順利……

「亨寶！」伊莉說，「真開心再次見到你。」

「謝謝妳來拯救我。」亨寶說。

他們給了對方一個大大的擁抱。

「拯救你的不只我，」伊莉說，「這是我妹妹貝拉，她也有幫忙。當然，還有地精先生。」

「你們每一個都好棒，」長髮公主說，「都不知道該怎麼跟你們說我有多喜歡短髮了。」

輕盈又蓬鬆。

「有一件事我不懂，」貝拉困惑的說，「為什麼在以前的故事裡，妳沒有要拯救者帶剪刀給妳呢？」

「在我的童話故事書裡，」貝拉繼續說，「王子每天都會帶一塊絲綢給妳。」

妳花了很久的時間才把絲綢編成長長的梯子。

「原本我想，不可以改變故事內容。」長髮公主說，「妳知道，就是其他人說怎麼做就怎麼做。但是，現在我改變心意了！」

而且王子一看到
巨人就騎馬逃走，
所以我就想……

坐在高塔裡等
其他人來拯救，真的
是一個好主意嗎？

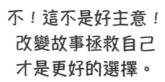

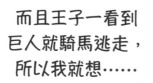

不！這不是好主意！
改變故事拯救自己
才是更好的選擇。

「這真是太棒了！」伊莉說，「就像科學家，質疑、認清事實，然後找到方法解決問題。」

「改變自己的故事很可怕，」長髮公主承認，「我不知道接下來該怎麼辦。」

「我跟妳有一樣的感覺，」地精說，「我離開自己的童話故事——那是關於一口無聊許願井的故事。但是現在，我決定要去做更多時空冒險。」

「又一個幸福的結局，」亨寶愉快的說，
「妳們看，他們一起朝夕陽的方向走去。」

「夕陽？」伊莉大喊，「喔，不！」
下一刻，突然出現了巨大的

砰！

一聲，然後是一陣

閃光！

大家還來不及開口，

壞仙子布蘭達

就出現在所有人面前。

CHAPTER 6

阻止壞仙子！

「好吧，聰明的礙事鬼，」壞仙子布蘭達厲聲說，「妳又破壞了我的計畫！我要讓妳和妳的發明再也無法阻擋我。」

但是，當伊莉閉上眼睛，想著不知道壞仙子會不會把她變成一隻蟾ㄔㄢˊ蜍ㄔㄨˊ時，她的腦中出現了一個想法……

壞仙子布蘭達根本
就是個惡ㄜˋ霸ㄅㄚˋ。

面對惡霸最好的方法，
就是站起來反抗他們。

「壞仙子布蘭達，

　　夠了！」伊莉說，「妳這個超級惡霸，而且

　　妳這次實在太過分了！」

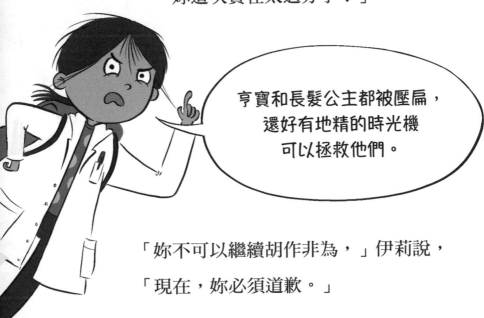

亨寶和長髮公主都被壓扁，
還好有地精的時光機
可以拯救他們。

「妳不可以繼續胡作非為，」伊莉說，

「現在，妳必須道歉。」

「還有，」貝拉補充，「妳知道反派角色在童話故事裡會有什麼下場嗎？

「貪婪的狼被斧頭**砍成一半**！

「邪惡的皇后**被驅逐**。

「壞壞女巫被推進**烤爐裡**！」

「這一點確實值得考慮，」壞仙子布蘭達說，「也許我應該重新思考我的人生……」

她轉向亨寶，並且咕噥了一聲：「對不起。」

「我們聽不見妳說什麼喔！」伊莉說。

「我想，我應該好好獨處一下，」壞仙子布蘭達
說，「好好思考。」

「所以說，她也沒有這麼壞啊！」亨寶說，「不過妳剛剛說我被壓扁了，是什麼意思？」

當伊莉還在思考該怎麼解釋時，空氣中出現了一大堆閃亮的星星……

玫瑰閃亮腳仙子

正拍著翅膀飛過來。

「喔，太棒了！妳成功拯救了亨寶。做得好，伊莉。」玫瑰閃亮腳仙子說，「我就知道可以相信妳。」

妳跑去哪裡了？
如果妳能幫忙，我們早就完成
任務了。妳怎麼當仙子教母的？

我是最好的
仙子教母啊！

「伊莉，妳沒發現嗎？」玫瑰閃亮腳仙子說，「我

教會妳完成每一件妳做得到的驚人任務。」

怎麼教？透過消失
不見來教嗎？

「當妳真的需要我時，我就會出現。」玫瑰閃亮腳仙子嚴肅的說。

「想想妳在這段過程中發現了什麼——科學的確可以改變這個世界。」

「我還有一個問題，」伊莉說，「我還是不懂為什麼會有童話國度，妳可以告訴我嗎？」

「妳可以用這個角度來思考，」玫瑰閃亮腳仙子笑著說，「就像偉大的科學家麥可‧法拉第說過的……

沒有什麼事是不可思議的。

只需要敞開心胸去觀察，妳會發現這個世界是非常神奇的……

「現在，」仙子繼續說，「妳該回家了。」

但是我好不容易
才見到亨寶。

別擔心，
我相信妳很快就會回
來童話國度。

仙子揮舞魔法棒。很快的，她們又被閃亮亮的
粉紅色雲霧包圍。

一瞬間，她們就回到了伊莉的房間，
彷彿從沒離開過。

「哇！」貝拉說，「真是精采的冒險。
謝謝妳讓我一起去，伊莉。以後，我可以跟
妳一起做科學實驗嗎？我發現科學其實滿酷
的。」

「妳也幫了我很多忙，」伊莉說，「妳把巨
人騙離高塔……

「還有狼……

「妳也影響了壞仙
子布蘭達。

「最後，妳知道嗎？跟妳一起冒險真的很開心。」

接著，她們聽見爸爸在樓梯間大喊：「女孩們，
該睡覺了！」

伊莉打了個呵欠，說：「該換睡衣了！不過有點
奇怪，我好像忘記了一件事情。先看一下《童
話故事》，確定每件事都恢復正常了。」

長髮公主

王子並沒有來拯救長髮公主，因此在一把剪刀與一位高貴地精的幫助下，長髮公主決定自己拯救自己。

隨後，長髮公主和地精搭乘時光機，經歷了許多緊張刺激的冒險。

其實，這個結局比以前的更好。

我也這樣覺得！讓我們繼續看下去。

但是只有一個問題。那天之後，巨怪從童話國度中消失了。或許你會認為，這是一件好事。但是，喔不！童話國度失去了平衡。巨怪消失後，一切都變得愈來愈不對勁。狼與熊到處破壞。巫師與女巫施展了許多邪惡咒語。哥布林和山怪都從洞穴中跑出來做壞事⋯⋯

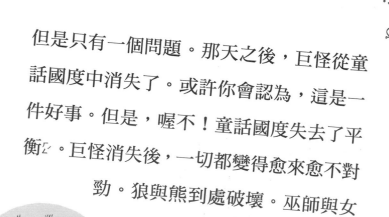

「我知道我忘記什麼事了！」伊莉大叫，「是小巨怪……我把他們放在我的背包裡。」

她迅速抬起頭到處尋找。

伊莉轉向貝拉，說：「所有事情變得一團亂。都是因為我們！我們必須找回巨怪，並且把他們送回童話國度……」

科學酷女孩的實驗筆記

伊莉的吵吵鬧鬧發明
什麼是「聲音」？

聲音是由微小的運動，也就是「振動」所引起的。這些振動會透過空氣和物體傳播。當這些振動到達我們的耳朵，我們就會聽到聲音。

振動幅度愈小，聲音愈小；
振動幅度愈大，聲音愈大。

製作大聲公

作者：伊莉

需要的材料：

- 1張厚紙，或者3張報紙。
- 膠帶。 - 剪刀。

1 將厚紙剪成方形，如果沒有厚紙，也可以用三張報紙疊在一起來取代。

2 將紙張捲成圓錐狀，並且用膠帶將紙張邊緣黏在一起、固定好。

3 剪掉圓錐的一小段尖端，接著修剪另一端開口，讓邊緣均勻平整。

4 現在，對著比較小的開口說話或唱歌！

科學原理：

你的聲音（或是音樂）在圓錐內反射，讓裡面的空氣劇烈振動。大聲公會讓振動幅度變大，因此聲音會更大聲

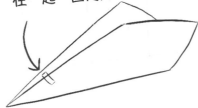

製作聲音罐

需要的材料：

- 圓柱形卡紙罐（有底部與蓋子）。
- 圖釘。
- 削尖的鉛筆。

- 乾燥的扁豆或是米。
- 原子筆或鉛筆。

❶ 先運用圖釘，接著用尖銳的鉛筆，在圓柱形卡紙罐戳洞（洞的大小必須剛剛好可以卡住鉛筆或是原子筆）。

❷ 將鉛筆或是原子筆插入步驟❶製造出的小洞，並且讓尖端從罐子的另一端戳ㄔㄨㄛˋ出。將每一個洞都插滿鉛筆或原子筆，接著在罐子裡放一些乾燥的扁豆或是米，並且將罐子蓋緊。

❸ 上下旋轉罐子，你會聽到一陣劈ㄆㄧ里ㄌㄧˇ啪ㄆㄚ啦ㄌㄚˇ的聲響，就像下雨的聲音！當罐子不再發出聲音後，旋轉罐子就會再次聽到聲音了。

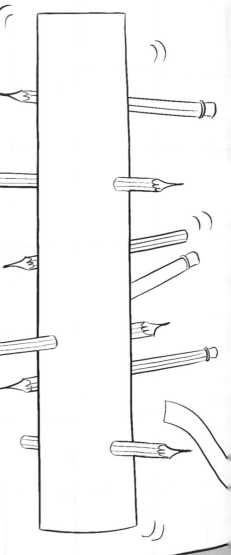

製作玻璃瓶笛

❶ 將不同形狀、高矮的玻璃瓶排成一排。

❷ 在瓶子中注入水，並且讓每一個瓶子裡的水位高低不同。往瓶口吹氣，瓶子就會發出聲音了。

伊莉的科學小筆記：

往瓶口吹氣，就可以讓瓶子裡的空氣振動，並且發出聲音。瓶子裡的空氣多寡，會影響吹氣時發出的聲音。空氣愈少（瓶子裡的水愈多），就可以發出較高的聲音；空氣愈多（瓶子裡的水愈少），就會發出較低的聲音。

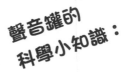

聲音罐的科學小知識：

當罐子裡的扁豆或米，沿著罐子落下時，會撞擊到罐子裡的鉛筆或原子筆而到處彈跳，讓罐子裡的空氣振動。這些撞擊與彈跳會製造出劈里啪啦的聲響。如果在罐子裡放入不同的東西（像是乾燥的豆子或是珠子），就可以發出不同的聲音。

製作杯子電話

需要的材料：

- 尖銳的鉛筆。
- 2個塑膠杯或是紙杯。

- 一條長長的繩子或棉線。

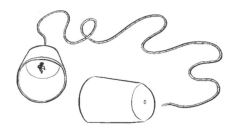

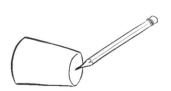

❶ 用尖銳的鉛筆，在塑膠
杯或紙杯底部戳一個洞
（2個杯子都要）。

❷ 將長長的繩子一端穿過一
個杯子底部，並且打一個
結，將繩子固定在杯子
裡。

拉緊繩子，不要讓繩
子碰到任何東西。

❸ 重複步驟❷的動作，將繩子另一端固定在另一個
杯子裡。請你的朋友（也許是獨角獸朋友）拿著其中
一個杯子到另一個房間，並且將杯子放在耳朵
旁。對著你手上的杯子說話，另一個房間裡的人
（或獨角獸），可以聽見你的聲音嗎？

鈴鈴鈴！
鈴鈴鈴！

伊莉的科學小筆記：

朝杯子裡說話，會讓杯子內的空氣振動。
這個振動會藉由繩子，傳到對面的杯子。
對面的杯子會將這股振動傳至空氣中，
所以另一邊才能聽到聲音。

作者：查娜‧戴維森（Zanna Davidson）
繪者：艾麗莎‧艾維克（Elissa Elwick）｜譯者：小樹文化編輯部

出　　版：小樹文化股份有限公司
社長：張瑩瑩｜總編輯：蔡麗真｜副總編輯：謝怡文｜責任編輯：謝怡文
行銷企劃經理：林麗紅｜行銷企劃：李映柔｜校對：林昌榮
封面設計：周家瑤｜內文排版：洪素貞

發　　行：遠足文化事業股份有限公司（讀書共和國出版集團）
地址：231新北市新店區民權路108-2號9樓
電話：(02) 2218-1417｜傳真：(02) 8667-1065
客服專線：0800-221029｜電子信箱：service@bookrep.com.tw
郵撥帳號：19504465遠足文化事業股份有限公司
團體訂購另有優惠，請洽業務部：(02) 2218-1417分機1124

特別聲明：有關本書中的言論內容，不代表本公司／出版集團之立場與意見，
文責由作者自行承擔。

法律顧問：華洋法律事務所 蘇文生律師
出版日期：2024年1月4日初版首刷

ISBN 978-626-7304-31-0（平裝）
ISBN 978-626-7304-26-6（EPUB）
ISBN 978-626-7304-27-3（PDF）

國家圖書館出版品預行編目資料

科學酷女孩伊莉【救救童話3】：拯救長
髮公主，居然要靠科學小遊戲和我妹?!／
查娜‧戴維森（Zanna Davidson）著；艾麗
莎‧艾維克（Elissa Elwick）繪；小樹文化
編輯部 譯--初版--新北市：小樹文化股份有
限公司 出版；遠足文化事業股份有限公司
發行；2024.01
面；公分--（救救童話：3）
譯　自： Izzy the Inventor and the Time-
Travelling Gnome
ISBN 978-626-7304-31-0（平裝）
1.科學實驗 2.通俗作品

303.4　　　　　　　　　112020276

IZZY THE INVENTOR AND THE TIME TRAVELLING GNOME
First published in 2024 by Usborne Publishing
Limited, 83-85 Saffron Hill, London EC1N
8RT, United Kingdom. usborne.com
Copyright © 2024 Usborne Publishing Limited
This edition is arrangement through Andrew
Nurnberg Associates International Limited.
Chinese Translation © 2024 by Little Trees Press

小樹文化官網　　小樹文化讀者回函